奇幻大自然探索图鉴

环球海底大探秘

（日）池原 研 监修

木木 译

辽宁科学技术出版社

·沈阳·

世界海底冒险地图

夏威夷·皇帝海山链　03
无人潜水器"海沟"号　02
海底遗迹　14
马里亚纳海沟　01
红海　15
印度洋　18
印度洋
海底石油　16
腔棘鱼　17
大堡礁　04

一共藏了18个谜团！

目录

世界海底冒险地图 2

海底大冒险 8

海底之谜 01 海洋的最深处在哪里？ 17

➡马里亚纳海沟 18

海底之谜 02 到达海底最深处的潜水器是谁？ 20

➡无人潜水器"海沟"号 22

海底之谜 03 海底有巨大的山脉吗？ 26

➡夏威夷·皇帝海山链 28

海底之谜 04 绵延海底的花园 30

➡大堡礁 32

魔幻大陆"姆"的少年和遭遇 ·············· 34

海底之谜 **05** 欢迎来到沉入太平洋的"魔幻大陆"！·············· 37

➡姆大陆 ·············· 38

海底之谜 **06** 在冰下沉睡的大地是哪里？·············· 42

➡南极大陆 ·············· 44

海底之谜 **07** 从海底喷出的黑烟，它的真面目是什么？·············· 46

➡海底热泉 ·············· 48

海底之谜 **08** 有连接太平洋和大西洋的海上通道吗？·············· 53

➡巴拿马运河 ·············· 54

海底之谜 **09** 海上出现了巨大的洞，它的真面目是什么？·············· 58

➡蓝洞 ·············· 60

海底之谜 **10** 海里真的藏着可怕的妖怪吗？·············· 63

➡百慕大三角 ·············· 64

海底之谜 **11** 在海底深处流动的巨大海流是什么？·············· 66

➡深层环流 ·············· 68

 徘徊在大西洋的恐怖"幽灵"船 ·············· **70**

海底之谜 **12** 真的会有"幽灵"船出现吗？ ·············· **73**

➡泰坦尼克号 ·············· **74**

海底之谜 **13** 探索能在陆地上看到的"海底"吧！ ·············· **78**

➡冰岛 ·············· **80**

海底之谜 **14** 地中海中有宫殿吗？ ·············· **85**

➡海底遗迹 ·············· **86**

海底之谜 **15** 海被劈开的传说是真的吗？ ·············· **89**

➡红海 ·············· **90**

海底之谜 **16** 从海底涌出的宝藏是什么？ ·············· **92**

➡海底石油 ·············· **94**

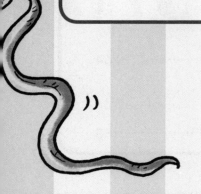

小棉和深海中的小伙伴们 ⋯⋯⋯⋯⋯⋯⋯ 96

海底之谜 **17** **谁是活化石？** ⋯⋯⋯⋯⋯⋯⋯⋯⋯ 99

➡ **腔棘鱼** ⋯⋯⋯⋯⋯⋯⋯⋯⋯⋯⋯⋯ 100

深海生物大集合！ ⋯⋯⋯⋯⋯⋯⋯⋯⋯⋯ 102

海底之谜 **18** **珠穆朗玛峰形成的秘密在海里吗？** ⋯⋯⋯ 105

➡ **印度洋** ⋯⋯⋯⋯⋯⋯⋯⋯⋯⋯⋯⋯ 106

仍然在继续的海底大冒险 ⋯⋯⋯⋯⋯⋯ 108

世界上的海洋 ⋯⋯⋯⋯⋯⋯⋯⋯⋯⋯⋯⋯⋯⋯ 114

奇妙的海底地形 ⋯⋯⋯⋯⋯⋯⋯⋯⋯⋯⋯⋯⋯ 116

结束语 ⋯⋯⋯⋯⋯⋯⋯⋯⋯⋯⋯⋯⋯⋯ 118

海底大冒险

我是小港，读小学五年级。今天好朋友卡斯和宁宁来我家玩儿。

这是海里的沉船……

太棒了，卡斯！你怎么知道这么多不可思议的事情啊？

因为我的梦想是成为老师，教授世界各国的趣事。

我的梦想是环游世界！总有一天，我要登上豪华客船！

我想穿上漂亮的衣服跳舞！

哎？

这位聪明伶俐的小朋友也来一杯吧！

那……那个……

这，这个硬币……

哗啦！

谢谢。

再见。

看起来真棒！

果然！刚才，小港爷爷额头上带的硬币……

皇家硬币

是皇家硬币！

皇家硬币？那是什么呀？

据说这种珍贵的硬币世界上只有50枚，是西班牙国王结婚时的赠礼！

装着这些硬币的船经过百慕大三角时，遭遇台风沉没了！人们后来在海底发现的！

爷爷的工作，是研究世界各地的大海！

好棒！

哇，里面很宽敞。

哟！

小棉发来邮件……

林博士

欢迎再来深海玩儿！

博士啊！小港的爷爷真了不起！

那个皇家硬币……

是真的吗？

嗯……你是说这个吧？

这个是别人给我的，应该是假的。

这本书中，林博士带着少年小港和他的小伙伴们一起出发前往海底冒险，揭开一个个在世间流传的奇妙而不可思议的海底之谜。对大家来说，海底也许是一个非常遥远的世界。跟小港和他的小伙伴们一起环游世界一周，一定能发现许多有趣的事！

本书将揭开与海底相关的 18 个谜团。谜底在下一页。

前页谜团的答案。

小棉告诉你海底相关知识。

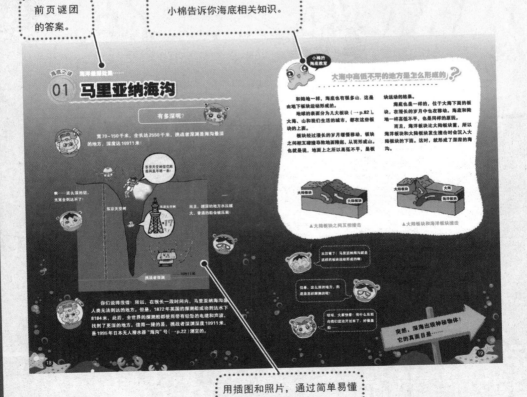

海底之谜　海洋最深处是……

01 马里亚纳海沟

有多深呢？

宽 70～150 千米，全长达 2550 千米，挑战者深渊是海沟最深的地方，深度达 10911 米！

小棉的
海底教室

大海中高低不平的地方是怎么形成的？

和陆地一样，海底也有很多山，这是由地下板块运动形成的。

用插图和照片，通过简单易懂的方式解开谜团。

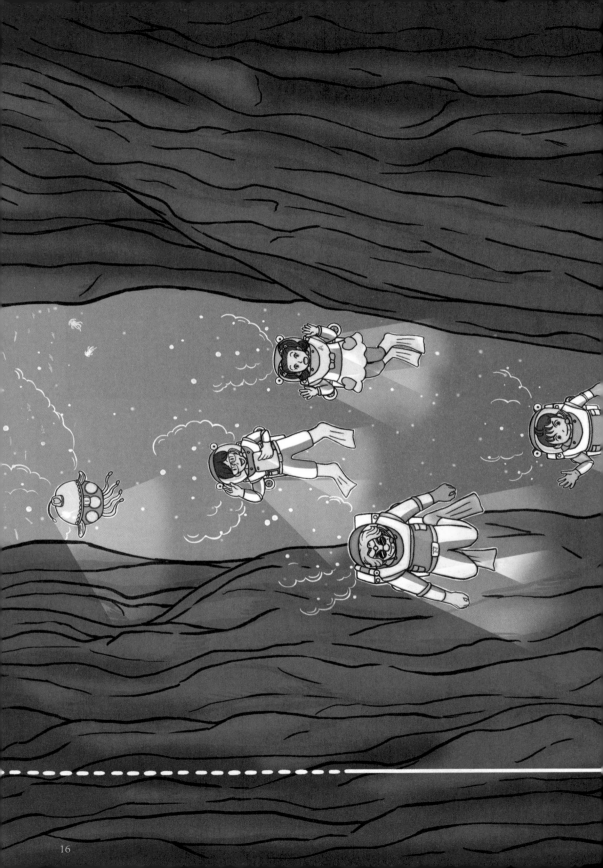

海底之谜

01 海洋的最深处在哪里?

亚玛丽莲号从日本出发，首先来到了日本列岛的南部地区。在那里，有一条延伸到远处的巨大海沟。实际上，这里是地球上海洋最深处。通向地球中心的深沟，是光线到达不了的黑暗世界……但是，那里隐藏着能让人感受到勃勃生机的地球故事。

最深处竟然有10911米!

01 马里亚纳海沟

有多深呢?

宽70~150千米,全长达2550千米,挑战者深渊是海沟最深的地方,深度达10911米!

东京天空树在它前面简直不堪一击!

啊……这么深的话,光完全到达不了!

东京天空树

东京天空树

而且,越深的地方水压越大,普通的船会被压扁!

×17

—10911米

挑战者深渊

你们说得没错!所以,在很长一段时间内,马里亚纳海沟是人类无法到达的地方。但是,1872年英国的探测船成功到达水下8184米,此后,全世界的探测船都使用带有铅坠的电缆和声波,找到了更深的地方。值得一提的是,挑战者深渊深度10911米,是1995年日本无人潜水器"海沟"号(→p.22)测定的。

小棉的
海底教室

大海中高低不平的地方是怎么形成的

和陆地一样，海底也有很多山，这是由地下板块运动形成的。

地球的表面分为几大板块（→ p.82）。大海、山和我们生活的城市，都在这些板块的上面。

板块经过漫长的岁月缓慢移动，板块之间相互碰撞导致地面隆起，从而形成山。也就是说，地面上之所以高低不平，是板块运动的结果。

海底也是一样的，位于大海下面的板块，在漫长的岁月中也在移动。海底和陆地一样高低不平，也是同样的原因。

而且，海洋板块比大陆板块重，所以海洋板块和大陆板块发生撞击时会沉入大陆板块的下面。这时，就形成了深深的海沟。

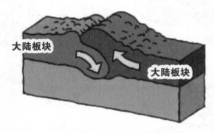

▲大陆板块之间互相撞击

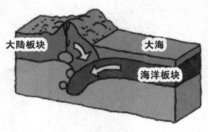

▲大陆板块和海洋板块撞击

太厉害了！马里亚纳海沟就是这样的板块运动形成的啊！

但是，这么深的地方，到底是怎样探测的呢？

哎呀，大家快看！有什么东西向我们这边开过来了。好像是船……

突然，深海出现神秘物体！
它的真面目是……

19

02 到达海底最深处的潜水器是谁?

亚玛丽莲号在海底遇到了一个大机器人——日本开发的无人潜水器"海沟"号，碰巧它在探测附近的地形。"海沟"号是可以潜到水下11000米深的世界顶级无人潜水器。

最大下潜深度11000米!

02 无人潜水器"海沟"号

有能下潜到这么深的潜水器吗？

"海沟"号是可以下潜到水下11000米深的无人潜水器，它正在进行世界最深的地方、挑战者深渊（→p.18）的潜航探测。它首次在水深10911米的深海发现了短脚双眼钩虾，引发了全世界的关注。

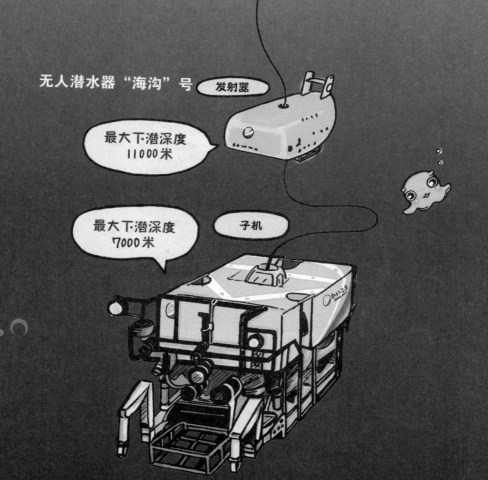

无人潜水器"海沟"号　发射器

最大下潜深度 11000米

最大下潜深度 7000米　子机

我还知道"深海6500"号。在2011年东日本大地震之后，它在震源三陆冲的日本海沟发现了被认为是地震引起的巨大龟裂。

哇，你知道得真多！"深海6500"号是能下潜到6500米的载人潜水器。到现在为止，在太平洋、印度洋和大西洋等海域，总共潜航了1500次。现在，人们正在计划开发能在水深11000米进行人工探测的最新潜水器。

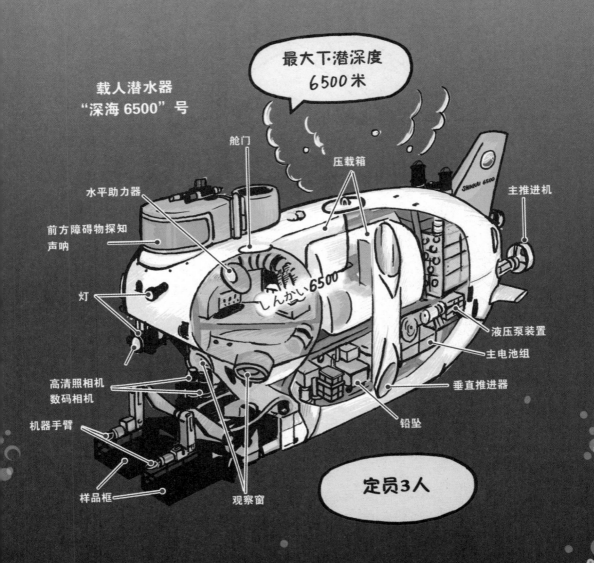

载人潜水器
"深海6500"号

最大下潜深度
6500米

舱门

压载箱

主推进机

水平助力器

前方障碍物探知
声呐

灯

しんかい6500

液压泵装置

主电池组

高清照相机
数码相机

垂直推进器

机器手臂

铅坠

样品框

观察窗

定员3人

23

探测海底有什么用呢？

地球从诞生之日起直到今天，经历了不知多少次大地震、火山喷发和异常气候。探测海底的地形和地层，可以知道过去地壳变动和气候变迁的经过，而且有助于探明不为人知的地球内部能量。

地球内部能量啊……

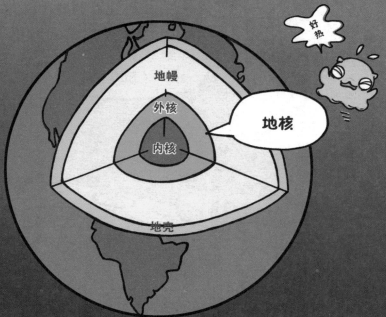

但是，我觉得即便潜水器下潜得再深，也无法到达地球的中心……

人类历史上第一艘多功能科学钻探船"地球"号，通过特殊的管道挖掘到地下深处，进行地球探测。地球的中心包围着含金属的核（地核），外面包裹着地幔。虽然挖掘坚硬、高温的地幔并不容易，但"地球"号却推进了对地幔采集工作的研究，这是世界首次。

24

深海探测船"地球号"

吊杆式起重机（钻塔）

立管

钻台

研究区域（4层）

直升机甲板

全回转推进器

全回转推进器

月池

船上有4层的研究大楼吗？

听说能连续24小时工作。简直就是浮在海上的研究所！

在地球的内部挖洞，太了不起了！

数百摄氏度的高温，好像火山的岩浆一样！

是的，实际上不是只有地面上才有火山。

在海中也能看见火山喷发吗？
形成海底火山的地方是……

25

03 海底有巨大的山脉吗？

　　乘坐亚玛丽莲号行驶到深海，我们发现海底是坚硬且高低起伏的。有像海沟一样的深谷，也有和陆地上高山一样的高耸地形……特别是朝着太平洋方向看去，那里有像山脉一样绵延不断的山峦。为什么会在海底形成这样绵延到遥远地方的山脉呢？

03 夏威夷·皇帝海山链

太棒了！海底有很多大山相互连接着。

海底也有山脉吗？

这是一系列海底山脉，也就是在海底连接的山，在太平洋的西北部，1954年被美国海洋学者命名为夏威夷·皇帝海山链。

啊，真有意思。推古、仁德……很多海山都冠以日本历代天皇的名字啊！

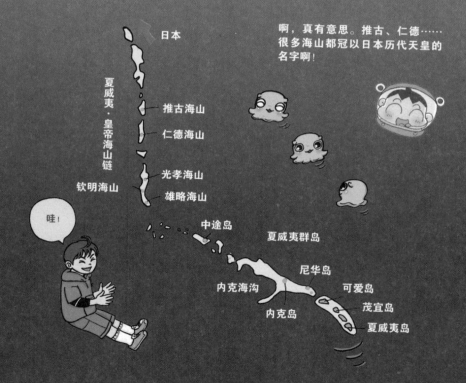

日本

夏威夷·皇帝海山链

推古海山
仁德海山
光孝海山
雄略海山
钦明海山

哇！

中途岛
夏威夷群岛
尼华岛
内克海沟
可爱岛
内克岛
茂宜岛
夏威夷岛

这些岛，原本是在夏威夷近海诞生的。随着地壳的运动，诞生又沉没，如此反复，经过漫长的岁月逐渐延伸到日本附近。普遍认为在几万年以后的未来，整个夏威夷岛会沉入海中，向日本靠近。

火山为什么活动呢？

　　海底之所以形成山，是地壳运动的结果。那么，你知道地壳为什么运动吗？那是因为地球表面是由叫作板块的许多大块岩石构成的（→ p.82）。

　　板块每年以 1～15 厘米的速度移动，有沉没消失的板块，也有新诞生的板块。一旦有新的板块生成，旧的板块就会被挤压突出，因此促成了板块的移动。火山活动是随着板块运动而发生的。地震和海沟，也是因为板块之间相撞产生的。

　　产生新板块的地方叫作海岭（→ p.80），这里有从地球深处喷出的岩浆，岩浆冷却后不断生成新的板块。因此，虽然海岭附近是海底，也有超过 300 摄氏度的热液喷出。

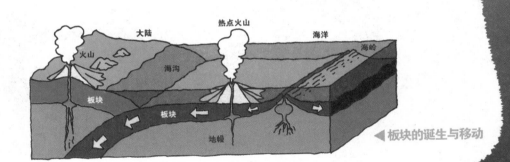

大陆　　热点火山　　海洋

火山　　海沟　　海岭

板块　　板块　　地幔

◀ 板块的诞生与移动

从地球中喷出的岩浆使大地震动，形成海底火山。好厉害啊！

接下来去看让你们高兴的绝世美景！

哎呀，是什么呢？在海中能看到的美丽风景，难道是……

亚玛丽莲号看见的幻象般的风景是……

04 绵延海底的花园

澳大利亚东北部有世界上最大的珊瑚礁，在太空也能看见。珊瑚礁绵延长达2000多千米，面积超过20万平方千米。这些美丽的珊瑚，实际上不是植物，而是动物。这片犹如世外桃源的风景背后，藏着什么秘密呢？

这里约有300种珊瑚！

大概始于60万年前……

绵延海底的花园，那是……

04 大堡礁

世界上最大的珊瑚礁地带是澳大利亚的大堡礁，普遍认为它是从大约60万年前开始慢慢形成的。

哇！就像童话世界般美丽！与海沟和海山链是完全不同的世界。不仅有珊瑚，还有很多海里的生物。

有多少生物呢？

大堡礁大约有300种珊瑚，对鲸鱼、海豚、海龟等各种各样的海洋生物来说，也是安居之所。

但是，珊瑚是容易受伤的生物。来自全世界的观光客很多，担心环境遭到破坏……而且，防止水污染等对策也是必须的。这里栖息着很多濒临灭绝的生物，我们必须要好好保护这些珊瑚礁！

珊瑚是什么样的生物呢？

能够形成珊瑚礁的珊瑚叫作造礁珊瑚。造礁珊瑚要在理想的环境下发育，除了需要不影响光合作用的水深（30 米左右），还需要适宜的水温（25~30 摄氏度），所以在赤道附近和火山岛附近，这种珊瑚更常见。

很多造礁珊瑚体内孕育藻类，藻类通过光合作用形成的能量让珊瑚更好地生长。因此，珊瑚礁周边对鱼类和甲壳类动物来说，是生存的天堂，这里构成了适合各种各样海洋生物生活的生态系统。

珊瑚礁不仅美丽，还承担着保护自然环境的作用。在这里，生活着很多种不可思议的生物。

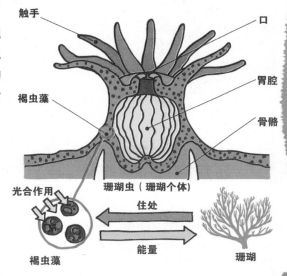

触手　　口　　胃腔　　骨骼　　珊瑚虫（珊瑚个体）　　褐虫藻　　光合作用　　褐虫藻　　住处　　能量　　珊瑚

◀ 珊瑚的身体

珊瑚礁不仅漂亮，竟然还保护着地球的环境啊！

是吧！好，让我们向更加不可思议的大海迈进，目的地是魔幻大陆！

嗯，魔幻大陆？听起来像游戏中的世界，真的有这样的地方吗？

海底有街道吗？
魔幻大陆的真面目是……

魔幻大陆"姆"的少年和遭遇

大海中突然出现了建筑物！这里到底……

什么，这里？
简直就是街道啊！

嗨，欢迎光临。
小棉。

哎呀，好可爱的男生！

我是拉·鲁。

从12000年前开始住在姆大陆。

东西长达8000千米，
南北长达5000千米！

05 欢迎来到沉入太平洋的"魔幻大陆"！

地球的陆地，由亚欧大陆、非洲大陆、北美大陆、南美大陆、澳大利亚大陆、南极大陆6个大陆组成。但是有一个传说是，12000年前，在太平洋的正中央有另外一个巨大的大陆存在过。在那里，有超越现代文明的高度繁荣的城市，曾经生活着6400万人……

05 姆大陆

不，不会吧……全部是没有见过的建筑物[※]。

太平洋的正中央，为什么会有国家？

真厉害!

欧洲

亚洲

非洲

这是古代文明!

大洋洲

※ 实际的海底，没有留下建筑物的形状，只留下了很少的痕迹。

我听说过，在太平洋中的被称为姆大陆，在大西洋中的是亚特兰蒂斯大陆。据说两个地方都曾经有过高度发达的文明，是不是真的啊？

实际上，我们在世界各处的海底发现了许多被认为是古代文明的遗迹，现在的调查和研究也在进行中。例如，比米尼群岛的石头建筑群"比米尼之路"等，大家猜测它是亚特兰蒂斯大陆的遗迹。2013 年，"深海 6500 号"（→ p.23）在大西洋海底发现了只有大陆才有的花岗岩，这是不是亚特兰蒂斯大陆的痕迹呢？这一发现引起了轰动。但不管怎样，至少在非常遥远的过去，地球上确实存在过现在已经消失的巨大大陆。

大家看一看！

太平洋

北美洲

亚特兰蒂斯大陆

大西洋

姆大陆

比米尼之路

南美洲

发现花岗岩

这么大的大陆啊！

传说有姆大陆的时代，
是什么样的世界啊？

12000 年前，其他大陆处于中石器时代，人们还在使用石器，远在太平洋的姆大陆却已经拥有如此发达的文明，真令人难以置信啊！

"深海 6500"号发现的花岗岩与南美大陆和非洲大陆发现的是一样的，这说明在距今 1 亿多年以前，它们曾是相互连接的，这也可以看出陆地在漫长的岁月中，在不断地移动。

这么说南美洲和非洲曾经是相互连接的吗？

再往前追溯，科学家们普遍认为在 2.5 亿年前，地球上所有的大陆是连接在一起的，由一个巨大的大陆组成。这个曾经存在过的超大陆，叫作盘古大陆。

2.5 亿年前……
一定是有恐龙的时代吧？

由于板块运动，盘古大陆逐渐分裂成了现在的 6 个大陆。关于姆大陆和亚特兰蒂斯大陆的传说，可能也印证了盘古大陆的存在。

2.5 亿年前

盘古大陆

1.35 亿年前

像拼图一样啊！

现在

和我知道的世界地图完全不一样呢！

1 亿年后会怎么样呢？
旅行的最后，我们顺路去看看地图上涂红色的地方吧！

（→p.104）

魔幻大陆和盘古大陆……
惊喜不断啊！

从一点点海底的遗迹就能查明这些事实，这才更让我惊讶……

哎，大家看！海底开始下雪了。
这是哪里啊？

这也是魔幻之地？
海中降雪的地球极地是……

41

海底之谜

06 在水下沉睡的大地是哪里?

突然，唰唰地下起了雪。为什么海里会降雪呢？小港和朋友们不由得往头上看，水面上有很多巨大的冰山。原来，亚玛丽莲号不知不觉来到了南极大陆的附近。地球北边和南边的南极存在在极点，虽然风景相似，但是北极和南极有很大的不同。

这里下的雪其实不是雪，也不是冰……

在冰下沉睡的大地是……

06 南极大陆

哦！是北极！

不是，是南极吧！

博士，北极和南极有什么不同呢？

地球的南北两端叫作极点，地球围绕贯穿北极点和南极点的地轴旋转。虽然两个极点都是被冰包裹的极寒之地，但北极其实是浮在海上的巨大冰块，而南极的冰下存在大陆。这些冰因地球变暖而融化，海平面每年都在上升……

这太可怕了！没有冰的话，企鹅和北极熊都不能继续生存了。

北极熊

北极狐

海豹

北极

海冰

大海

冰盖

大陆

大海

虎鲸

企鹅

南极

我听说还有因为地球温度上升而快要被淹没的岛屿呢！

是的，如果冰盖按照现在的速度融化，100 年后地球海平面将上升 50 米以上，有些国家可能会沉入海中。顺便说一下，在两个极点能看到的动物是不一样的。北极有北极熊、北极狐和海豹等，南极能看见企鹅和虎鲸。

小棉的海底教室

海底降下的雪是什么？

降落在亚玛丽莲号上的雪，实际上并不是南极的冰。在完全黑暗的海底，飘舞着无数白色颗粒的景象是非常浪漫的，但这个"海雪"其实是浮游生物的尸体和粪便。被光照射时，看上去像雪一样。

听到"尸体"和"粪便"，也许有人很失望，但它们却是深海生物珍贵的营养源。以海雪为生的生物是更大的肉食动物食物链的一部分。海雪的主要成分——碳，是地球上所有生物之源。

▲ 海中生物的食物链

海雪的真面目是这样的啊！但我还是被这么美丽的景象治愈了。

在海底能看见的不只是白雪哟！接下来去看看黑色风景吧！

黑色风景？
有点儿害怕，没关系吧……

从白色的世界，
突然来到被漆黑的烟包裹的世界……

07 从海底喷出的黑烟，它的真面目是什么？

接下来，亚玛丽莲号前往的地方是加拉帕戈斯群岛。那里到处都是坚硬且高低不平的岩石，随处可见螃蟹和虾等甲壳类动物和其他生物的身影。突然，从岩石中冒出了滚滚黑烟！简直像海底火山一样！到底为什么会发生这种现象呢？

这里是海底板块诞生的地方！

是被称为"深海绿洲"的
珍贵营养源！

07 海底热泉

这个乌黑的烟是什么？

这叫作海底热泉。海底和陆地一样，也有温泉喷出的地方，主要发生在新的海底板块形成的地方，喷出的地方叫作热液喷口。加拉帕戈斯群岛是世界上最早发现海底热泉的地方。

海底也有温泉涌出啊！

但是，为什么是乌黑的呢？

从海底喷出的热水，受水压影响，大多是超过 100 摄氏度的超高温水，水中富含铅、锌、铜、铁等硫化物。当热水的温度超过 300 摄氏度时，硫化物与海水发生反应，看上去是黑色的。当水温低于 300 摄氏度时，硫黄和硫酸盐矿物大量沉淀，看上去好像喷出了白色的烟，这叫作白烟囱。

也有喜欢温泉的生物吧？

是的。即使是在太阳光无法到达的深海，也有许多生物靠热水中含有的化合物生存，这些生物聚集在一起，形成了海底热泉生物群落。

　　海底热泉对深海生物来说，是珍贵的营养源。我听说，就像热液喷口的周围有独立的生态系统一样，在沉入海底的鲸鱼尸体周围，能看到以此作为食物的生物聚集。

与海底热泉相似的，由地球内部热量产生的，还有
其他不可思议的东西吗？

踩一踩。知道这是什么吗？

这个……是石头？

图片提供：群马大学

好像是用石头堆砌的城墙。

悟性很好啊！温泉和烟囱，都是由地球内部喷出的能量形成
的。这种枕状熔岩也是在这种能量的作用下，由数量庞大的枕状
构造堆叠而成的独特景观。海底流出的熔岩，遇见海水后迅速冷却，
变成筒状后凝固，经过漫长的岁月，随着大陆漂移，慢慢被推到
地面上。

就是曾经在海底的东西，在陆地上也能看见的意思吧？

枕状熔岩的形成

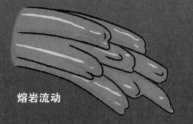

熔岩流动

这是由黏稠的岩浆变成岩石吗？

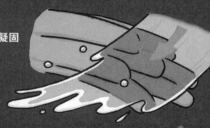

熔岩遇冷凝固

露出地面，被河川冲刷

就是将黄瓜放在一起用刀切的感觉吧？

枕状

形成枕状构造堆叠的岩石

我还以为是火山喷发呢，真让人吃惊。地球的景色真不可思议。

从地球内部喷出的能量，超乎想象。

哎，先别急着惊讶。自然的能量很伟大，人类也很了不起……

想要前往大西洋，南、北美大陆却挡在了大家的面前……

51

运河的开通，给人类的旅行和
货物的运输带来了重大影响！

08 有连接太平洋和大西洋的海上通道吗？

对过去的人们来说，横渡大海是极其危险的大冒险。所以，为了海上航行的顺畅和安全，固定的安全航路就显得十分重要了。为了能够让船通过，人们建造了连通不同水域的人工水路——运河。亚玛丽莲号来到的巴拿马运河，是连接太平洋和大西洋的运河，是世界三大运河之一。

08 巴拿马运河

这条运河真宽啊！这是哪里啊？

1914 年建成的巴拿马运河，连接太平洋和大西洋，是长约 80 千米的水闸式运河。所谓水闸式，是指船通过时用开关水闸的方式引导船只通行。

水闸

太平洋

通过上拉放下水闸来慢慢调整水位，帮助船移动。中间的加通湖海拔 26 米。

是的。巴拿马运河开通之前，用船将货物从美国东海岸的纽约运送到美国西海岸的旧金山，需要从南美最南端绕路前行，航行 20000 千米以上。巴拿马运河的开通使航行距离减少了一半。如今，每年有 14000 艘船通过这条运河航行。

好厉害！很大程度上改变了
交通出行的方式啊！

人越多的地方，经济越繁荣，然后会带来更多的人聚集在一起。
因此，毗邻运河的城市以相关产业为中心得到发展。北临加勒比
海的巴拿马共和国，因巴拿马运河的开通而得到了很好的发展。

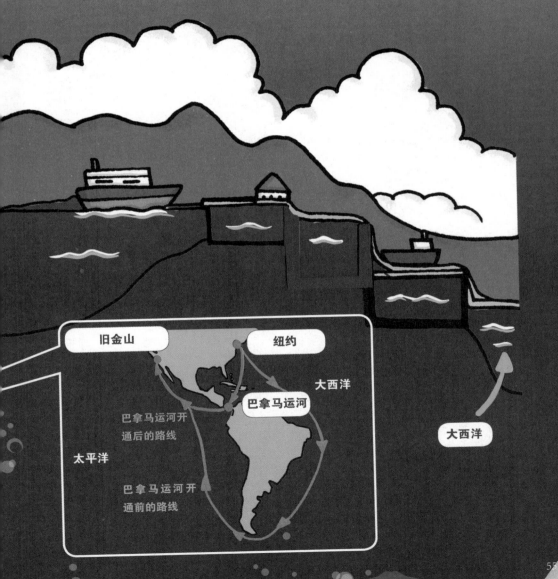

旧金山

纽约

大西洋

巴拿马运河

巴拿马运河开
通后的路线

太平洋

大西洋

巴拿马运河开
通前的路线

好大的船！制造这么
大的船很不容易吧！

巴拿马运河是用 10 多年的时间、由 75000 多名工作人员建设
的重大工程。

航路的发展，是不是改变了人类的历史呢？

嗯，这是一个好问题。距离遥远的国家之间进行贸易活动和
文化交流，人类文明才得以发展。发明飞机之前，丝绸之路是陆
地上的主要商路；在海上，人们通过船来运送物资。例如，连接
东亚和欧洲的海上贸易路线，被称为海上丝绸之路，对国际贸易
做出了很大贡献。

但是，发生在海上的事故
也很可怕吧？

海上航行需要经历漫长的时间，确实是关乎性命。有时船上会发生瘟疫，也可能在某个地方碰到海盗。所以，开拓又快又安全的航路，是人类一直努力的目标。

草原丝绸之路

吐鲁番

撒马尔罕   喀什   敦煌

伊斯坦布尔   楼兰   西安

罗马

亚历山大   巴格达   沙漠丝绸之路

卡拉奇   福州

加尔各答

海上丝绸之路

大海是很美丽，但也有可怕的一面！

人们开通丝绸之路这个主意真不错！啊，马上到大西洋了！

大家看，有一个巨大的洞，不会掉下去吧！

海上突然裂开巨大的洞，不会被吸进去吧！

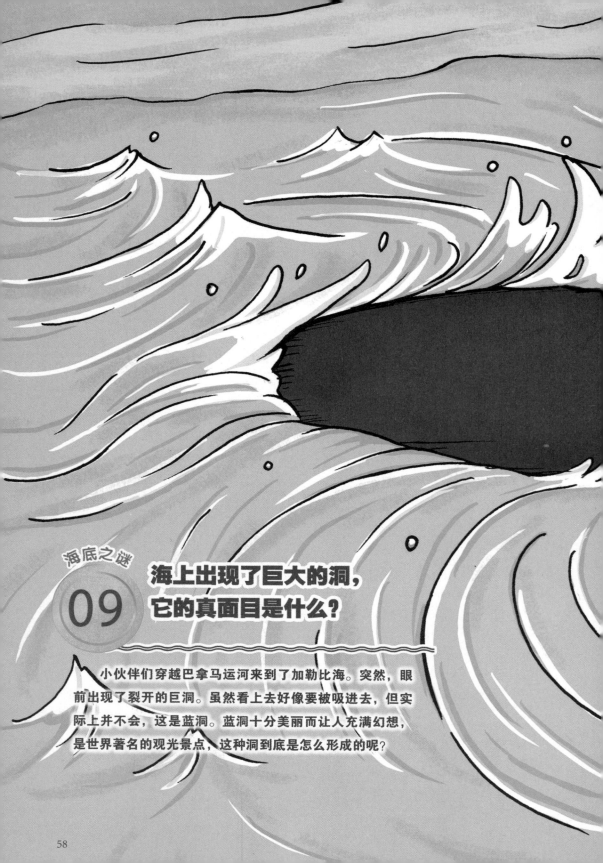

09 海上出现了巨大的洞，它的真面目是什么？

小伙伴们穿越巴拿马运河来到了加勒比海。突然，眼前出现了裂开的巨洞。虽然看上去好像要被吸进去，但实际上并不会，这是蓝洞。蓝洞十分美丽而让人充满幻想，是世界著名的观光景点，这种洞到底是怎么形成的呢？

海底之谜

海上出现的巨洞是……

09 蓝洞

仔细看，这里的海面是平稳的，鲜艳的蓝色很漂亮。

洞的下面是什么样的呢？

在世界各地都能看到不可思议的海洋之洞，这些洞可能是曾经存在于陆地上的溶洞和山洞，由于陆地移动或其他原因而沉入海中。刚才我们看到的是伯利兹蓝洞，直径 313 米，深 123 米，周边分布着珊瑚礁，是潜水爱好者的人气景点。

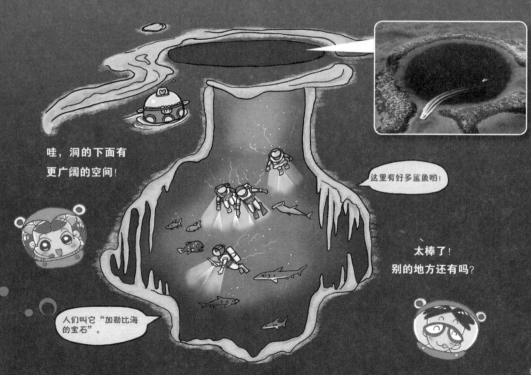

哇，洞的下面有更广阔的空间！

这里有好多鲨鱼哟！

太棒了！别的地方还有吗？

人们叫它"加勒比海的宝石"。

世界上有很多这样的洞，在已经发现的蓝洞中，最深的是中国南海的三沙永乐龙洞，深度超过 300 米。

小棉的
海底教室

大海的颜色为什么是蓝色的呢

- - - - - - - - - - - - -

你是不是也觉得不可思议？如果把海水捧在手中看，与河水和自来水的颜色一样，是无色透明的。那么，为什么大海看起来是蓝色的呢？有人说是因为蓝色的天空映照在了海面上，但并不是这样的。大海之所以看起来是蓝色的，实际上是光的作用。

从空中照射的光，被水面反射的同时，也被水分子所吸收。因为水吸收了波长较长的红光，将蓝光、紫光等波长较短的光

反射了出去，因此大海看起来是蓝色的。

由于水质等因素的影响，反射的颜色也会变化。例如，海中有较多浮游生物和杂物时，会反射出更深的蓝色或绿色。湖面有时候看起来是绿色的，也是这个原因。相反的，越是清澈的水，透明度越高。

▼ 大海光的反射

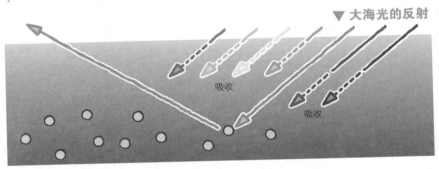

吸收

吸收

之前说过枕状熔岩（→ p.50）是在海中形成，再露出地面的。现在又知道了大海呈蓝色的原因，增长见识了！

吃惊吧？那么，接下来我们去船的墓地看一看吧。准备好了吗？

船的墓地？
我胆小！

在很多船只失事、不知所踪的海域
隐藏着什么秘密呢？

海底之谜

10 海里真的藏着可怕的妖怪吗？

在大西洋的一块区域，有一个三角形的海域。不知道为什么，这里时常发生船只和飞机失去联系的事情。久而久之，人们认为这片海域里有怪物潜藏，对它感到十分畏惧，还给它起了个可怕的外号"魔鬼三角"。这片海域为什么会发生许多这样的事故呢？有很多研究人员被谜团吸引，但真相仍没有被揭开……

海底之谜

藏着可怕"妖怪"的海域是……

10 百慕大三角

为什么令人恐惧呢?

我查询了一下,这个海域发生过数不清的事故和事件,例如,1880 年 1 月,载有 300 名船员的英国海军"亚特兰大"号失去行踪,下落不明。1918 年 3 月,载有 202 人的美国"独眼巨人"号失去消息,甚至连任何相关漂流物都没有发现。不仅仅是船,1954 年,在此海域上空飞行的 5 架美国海军战斗机坠机,原因不明。

这里真的有怪物吗?

北美洲

大西洋

百慕大群岛

佛罗里达州

波多黎各

太平洋

南美洲

的确有很多未解之谜。不过,发生这些事故的原因之一,是在这片海域频频发生飓风等自然灾害。而且近年来有一种说法是,海底沼气引起爆炸,将附近的船和飞机卷入其中。希望有一天,科学的发展可以揭开真相。

小棉的海底教室

"可以燃烧的冰"是什么 ？

人们在海底发现了一种可以代替石油的新能源，引起了全世界的关注。它是很好燃烧的天然资源，而且燃烧后只剩下水，几乎不排出二氧化碳，所以不会污染环境，被称为可燃冰。

这种可燃冰的学名叫天然气水合物。与担心枯竭的石油相比，天然气水合物有庞大的储藏量，可以作为未来的能源。天然气水合物埋在深 500 米以上的海底，虽然开采工作并不简单，但各个国家都在研发大量开采技术，说不定可以改变今后的能源情况。

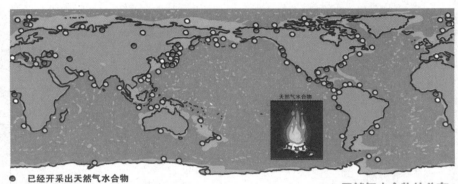

天然气水合物

⊚ 已经开采出天然气水合物
⊚ 被认为存在天然气水合物的地方

▲ 天然气水合物的分布

大海果然充满危险啊！
波浪也能引起事故……

嗯，你对波浪感兴趣吗？那么在这里要不要试着潜到海中看一看，有什么发现呢？

这里的波浪流向与那里的不一样。

流向不一样的波浪。
接下来前往独特的海流景点！

11 在海底深处流动的巨大海流是什么?

平安逃出百慕大三角,来到大西洋中心的四人,好像注意到了海流的不同。上方的海水温暖,下方的海水冰冷,而且,海流的方向是相反的!到底是怎么回事呢?

海底之谜

在海底深处流动的巨大海流是……

11 深层环流

在海底，水是如何流动的呢？

有性质不同的两种海流。一种因风而起，在海面表层部分流动，叫作表层环流。另外一种是由海水"重量"引起的深层环流。

奇怪，海水也有重量吗？

是的。海水越冷，盐分就越多，重量就越重。所以，最大的深层环流是从南极大陆周边和格陵兰海上开始循环的。极点附近冰冻的海域和寒冷的海水，因为自身的重量往深海下沉，将周边的海水向上挤。这就像输送带一样，围绕着整个地球循环。

下沉

上浮

大西洋

太平洋

输送带

温暖而盐分少的表层环流（轻

冰冷而盐分多的深层环流（重）

下沉

有一种说法是，整个海流要用 1000 年左右的时间才能绕地球一周。这种流动不仅能够维持地球气候的平衡，也能将大海的养分送到世界各地，从根本上支持整个地球的生态系统。

 在我们眼睛看不见的地方，有维持整个地球韵律的海流啊！

我看见对面有东西沉下去了！又是魔幻的城市吗？

 这里看上去很奇怪，好像有东西在动……啊，是人！

看见的，到底是谁呢?

徘徊在大西洋的恐怖"幽灵"船

哇！
这次在海底看到了巨大的船！

女士都穿着美丽的裙子，优雅地跳着舞！

还有小提琴演奏！

这是撞到冰山而沉入海底的豪华邮轮泰坦尼克号！

大家好！

兴奋！

这么棒的船沉入海底，真是太可惜了啊！

啊……

而且是首次出航……

好悲伤！

也有传说泰坦尼克号是故意被撞沉的……

故意的？

哎！

太可怕了！

真相至今仍是谜！

海底之谜

12 真的会有"幽灵"船出现吗?

刚才4人在北大西洋发现的是沉没了100多年的世界著名豪华邮轮——泰坦尼克号!这个悲剧被拍成了电影,为人们所熟知。但是,这个事件仍然留有很多谜团。

海底之谜

不幸沉没的"幽灵"船是……

12 泰坦尼克号

这么大的船，为什么会沉没呢？

看上去很安全，不会
轻易沉没……

泰坦尼克号于 1912 年在北大西洋撞上了冰山，随后很快沉没，造成了 1500 多人遇难。海水从船体的漏洞涌入，约 2 小时后，伴随着可怕的轰隆声，泰坦尼克号沉入了海底。

好大的
一艘船
啊！

飞机

人　　汽车　　公交车

玛丽王后 2 号

泰坦尼克号

的确，泰坦尼克号确实有几处让人难以理解的地方。例如，船的瞭望台上为什么没有双筒望远镜，这被认为是没有及时发现冰山的原因。包括乘务员和乘客在内，一共承载了2200多人，救生船却只能容纳1100人。作为当时世界上最大的豪华邮轮，实在是太说不过去了。

传说，泰坦尼克号出行前上了巨额保险，持有者在事故发生后，可能会得到巨额保险金……真相是个谜啊！

听说，泰坦尼克号上的设施一流，乘客们享受着高级晚餐，事故发生前一秒还在举办小提琴演奏会呢！

 无论怎样，船沉没之前，乘客们的短暂旅程应该是充满欢乐的吧！

还有什么其他类型的船吗？

进行捕鱼

将物资放进集装箱运输

渔船

集装箱船

运送石油

原油油轮

守卫海上安全

运送汽车

巡逻船

汽车运输船

除了大家熟悉的渔船，往返于岛屿之间的渡船、喷射船等，其他常用船还有用于运送天然气的 LNG 船，海上警察使用的巡逻船，海军使用的护卫舰，船上发生火灾时出动的消防船等。

用超快的速度运送乘客

喷射船

运送人和汽车

渡船

守卫海上安全

护卫舰

运送天然气

LNG 船

海底暗流涌动，还有很多人被永远留在了海底……感觉好悲伤啊！

嗯，转换一下心情，接下来，让你们看看陆地上的东西。

哇！我想沐浴在久违的太阳光下！

接下来的目的地是在陆地上就能看到的"海底"！

13 探索能在陆地上看到的"海底"吗

亚玛丽莲号来到陆地上，这里是欧洲的冰岛。展现在眼前的景色是"大地的裂缝"！我们在前面学习到构成地球表面的板块经过漫长的岁月沉入海沟，形成马里亚纳海沟。板块为什么没有消失呢？让我们来看一看这些在巨大压力下形成的地形吧！

冰岛的大部分地面是由于火山活动或地质构造的变化而形成的。

新的板块在不断生成。

海底之谜　**在陆地上能看到的"海底"是……**

13 冰岛

这个山谷在哪里啊？好像海沟！

不是的，这不是海沟，是海岭。这里是大西洋中央海岭附近，应该是海洋板块诞生的地方，而海沟是板块被吞没的地方。

在辛格韦德利国家公园能看到这样的景色。

2004年这里被认定为世界遗产。

从地质方面看，冰岛是欧洲最新的国家。国土的大部分是由于频繁的板块活动而形成的山岳地带，位于贯通大西洋南北的大西洋中央海岭正上方。在一些国家能看到被称为裂谷的地形，这正是海岭向地面突出形成的。

本应在海底的海岭，意外地突出到地面上了。

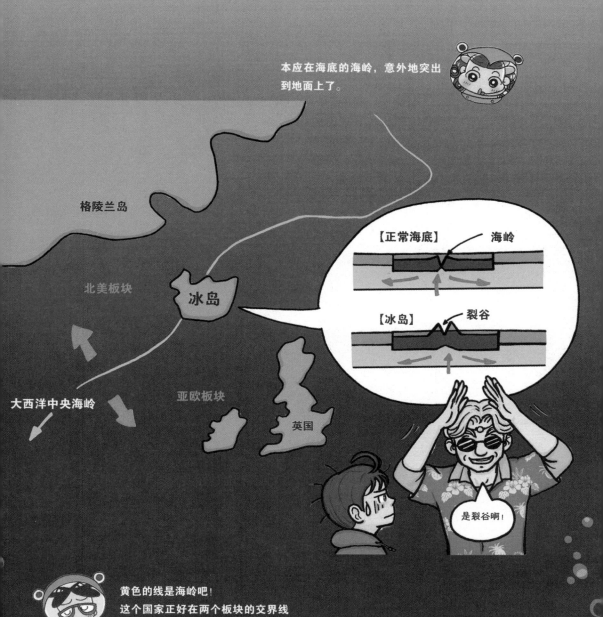

格陵兰岛

北美板块

冰岛

大西洋中央海岭

亚欧板块

英国

【正常海底】 海岭

【冰岛】 裂谷

是裂谷啊！

黄色的线是海岭吧！
这个国家正好在两个板块的交界线
上，真是不可思议！

裂谷在世界范围内并不常见，人们叫它"大地的裂缝"，一般都是著名的景点。其他类似的地形还有美国加利福尼亚州的圣安地列斯断层，它位于太平洋板块和北美板块的交界线上。这种地形的周边是地震多发地带，可以说它们是大地频繁活动的证据。

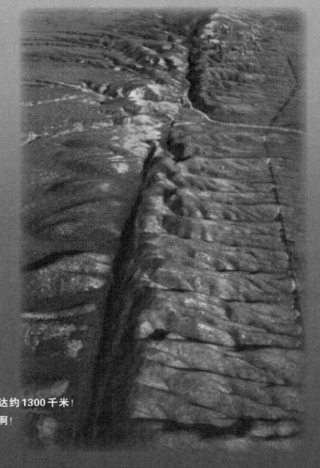

这个断层长达约1300千米！世界真广阔啊！

环太平洋火山带和世界的板块

冰岛

亚欧板块

环太平洋火山带

北美板块

圣安地列斯断层

印度洋板块

菲律宾海板块

加勒比板块

阿拉伯板块

科科斯板块

非洲板块

纳斯卡板块

南美板块

澳大利亚板块

太平洋板块

南美板块

南极洲板块

期科舍板块

期科舍板块

为什么有些国家容易发生地震和火山喷发呢

要说地震，日本和冰岛很相似。而且，两个国家的温泉都很多。为什么两个国家有这么多共同点呢？这是因为日本和冰岛都位于多个板块交界的位置。板块活动频发的地方，发生地震和火山喷发也比较多。

把太平洋围起来的环太平洋火山带，是活动频繁的火山群。把火山分布的情况和海洋板块的位置放在一起看，大家就能够清晰地理解地球的构成了。

▲ 冰岛的蓝湖温泉

景色真美啊！竟然能在陆地上看到海岭，心情很激动！

接下来，我们回到海里。大家都成长了很多啊！我们来说说考古学的事情吧！

哎，我可能不擅长学习……

北大西洋的最南面是地中海，这是历史古老的海……

14 地中海中有宫殿吗？

亚玛丽莲号来到了埃及北部的海港——亚历山大港。这里沉睡着一座海底宫殿，它建造于公元前3世纪，是当时世界最高建筑物"法洛斯灯塔"遗址的原址所在地。海底不仅有像姆大陆那样的魔幻大陆，还留下了真实存在过的都市的痕迹。这些是大陆文明的遗址，对人类来说是非常宝贵的历史遗产……

海底之谜 地中海里的宫殿是……

14 海底遗迹

为什么在这样的地方有宫殿般的建筑呢？

在亚历山大港，发现了以灯塔遗址为代表的克利奥帕特拉的王宫遗迹和小型狮身人面像。向世人展示了亚历山大曾经的繁荣，虽然这里沉入海底的具体原因不明，但人们猜测可能是由地震、洪水或海平面上升等原因造成的。像这样以历史或传说为基础，从大海中找到它的遗迹并进行实际验证的学问被称为水中考古学。

除了海洋学，还需要历史知识，这是一门很难的学科。历史资料在海中，仅搬运和做记录就是件苦差事。但是，在广阔的大海中，一定沉睡着很多重要的文化遗产。将来我也想进行海底探索！

海中有美术馆吗？

你听过海底美术馆吗？在世界各地的海底，不仅有遗迹，还有展示现代人作品的美术馆。位于墨西哥加勒比海沿岸的坎昆市有座海底美术馆，当地人叫它"MUSA"，很有名。这里有400多座雕像，十分受游客喜爱。不仅如此，雕像中含有适合珊瑚生长的材质，能吸引鱼和海藻，具有保护环境的功能。"MUSA"海底美术馆灵活利用了温暖的海洋环境，是一个很棒的想法。在作品中繁殖的生物会改变作品的形态，因此我们可以欣赏到随着时间而变化的作品，是不是很有趣？

虽然我被泰坦尼克号（→p.74）的样子震惊到了，但同时也明白了探索海底遗迹的重要性。

我们能够学习大海的知识，多亏了研究者不懈的努力和研究发现的积累。

知识和想象力是研究发现的基本功。那么，让我们想象一下吧！让你看看欧洲传说中留下的"四色之海"之一吧！

4人奔向让人难以置信的传说之海！

15 海被劈开的传说是真的吗？

博士所说的"四色之海"分别是红海、黄海、黑海、白海，4个以颜色命名的海。据说，红海是被摩西劈出来的！真相到底是什么呢？

15 红海

劈海传说留下的是……

海被劈开的事情，是真的吗？

超能力？还是奇迹呢？

的确，一般认为是传说而已。近年来，有很多认真研究摩西劈海的学者们用电脑进行了实际模拟，让风速大于 28 米每秒的强风不停地吹，试图证明这种可能。也有另外一种说法，红海的形成可能跟周边火山喷发有关。可能不是简单的传说。

真厉害。假如真的能发生这种事情，我想看一看。

按照传说中摩西的行走路线，哪个海被劈开了呢？

红海、黑海、白海和黄海……
为什么被这么命名呢?

　　红海在希腊语中是"红色的海"的意思,所以被叫作红海。黑海也是,在土耳其语中是"黑色大海"的意思,黑海的名字由此而来。白海位于俄罗斯的寒冷之地,冬天海面冻结,看上去是白色的,在盛夏海面有反射现象,看上去白光闪闪,白海的名字由此而来。黄海流动着来自黄河的含有黄色泥土的水,海水看上去被染成了黄色,因此称为黄海。

白海

黄海

红海

黑海

夏威夷·皇帝海山链(→ p.28)也是如此,大海和海底的名字,都很有趣。

大海的名字原来是这么起的呀,我对大海更感兴趣了!

这算什么!大海中还能涌出不可思议的宝藏呢!

从海底涌出的宝藏之山,周围林立着很多铁塔。

16 从海底涌出的宝藏是什么？

铁塔林立，还能看见像工厂一样的设备，大油轮来来往往，这是哪里？其实，4人到达的这片海域的海底有石油，人们正在这里开采。除了水和食材，在人类发展的过程中，大海还带来了各种各样的天然资源，所以人们总是把大海比喻成"母亲"。

从海底涌出的宝藏是……

16 海底石油

石油也会从海底涌出来吗？

是的。虽然有记载显示人们在公元前就开始使用石油了，但通过挖开地面的方法开采地下的石油，是从 19 世纪下叶开始的。而从海底开采石油，则是进入现代以后的事情了。

大概多少石油是从海底开采的呢？

如今世界范围内使用的石油，有 25% 来自海底油田。随着海底油田开采技术的进步，这个比例今后还会增加。而且，我们从海底不仅能够开采到石油，还能开采到天然气。新能源天然气水合物（→ p.65）也受到了广泛关注。

原来石油要经历这么长的时间才能形成呀！

生物的尸骸逐渐累积

被地热等分解

经过几亿年的时间变成液体

地热

石油

用什么方法从海中开采石油呢?

开采海底油田的时候,首先在海上设置巨大的钻井平台,通常被固定在大陆架比较浅的地方。每个平台的开采范围为方圆8千米,经过事先勘探来设定方位和深度。

开采出的石油,是怎样在海上运输的呢?和海水混在一起就糟糕了。

钻井平台

是从岩石中分离出来的

分离石油

页岩

天然气

石油(储集岩)

不用担心,原油会通过油管被运送到指定的地方。但有时进行开采作业时,确实会造成海洋污染,开采技术还有待进一步提高。

在海上,进行着规模这么大的工程啊!人类真了不起!

虽然能源是必要的,但是如果大海被污染了,鱼类就会失去家园,这是很大的问题。

是的。从很久以前开始,大海就一直是很多生物的家园了。好,让我们去看看活化石吧!

在印度洋里,有经历了漫长岁月而生存下来的古老鱼类!

小棉和深海中的小伙伴们

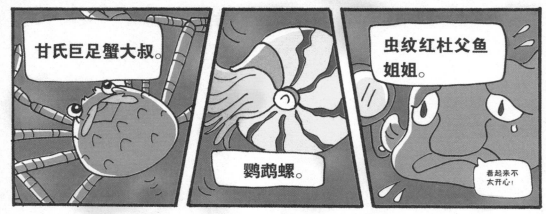

海底之谜

17 谁是活化石？

有一种鱼，从4亿年前的太古时代就开始存在于地球上：腔棘鱼！以前人们在化石中就发现过它们的痕迹，并且曾经认为它们灭绝了，但后来发现它们还活着，所以把它们叫作活化石。这种古老的鱼身上至今仍然有很多未解之谜。

海底之谜 活化石是……

17 腔棘鱼

照片提供：深津港深海水族馆

这就是传说中的腔棘鱼。
的确很有气势！

腔棘鱼曾经灭绝过吗？

人们曾经以为腔棘鱼 7500 万年前就灭绝了，直到 1938 年 12 月的一天，人们在从南非的东伦敦海面打回来的鱼中，发现了一条身长 1.5 米的怪鱼，才发现腔棘鱼还活着。这个新闻，当时在世界范围内引起了轰动。

腔棘鱼早在 4 亿年前就存在了。真不敢相信，至今它的身体外貌都没有变化。就像是恐龙复活了一样！

它是怎样生存下来的呢？

腔棘鱼一般栖息在印度洋的深海里，最深的地方超过 8000 米。深海中的生存环境虽然很残酷，但比较稳定而平衡，所以这种古老的鱼才能生存下来。它的身体很独特，拥有像铠甲一样的坚硬鱼鳞，且没有脊椎，这些都是探索它进化过程的重要线索。

印度洋中还栖息着色彩缤纷的生物。2001 年，人们发现了长有含铁鳞片的鳞角腹足蜗牛，还发现了美人鱼的原型：儒艮。

深海生物为了能在严酷的环境中生存下来，也做了很多努力呢。

可以绝食 薄鳞突吻鳕

绝食……
并不是在修行。

可以通过发光的形式，引诱猎物、与同伴交流、自我保护。

发光 鮟鱇

水压很大，但对我来说刚刚好。

没有鳞片 细鳍短吻狮子鱼

比自己大的猎物，也能吃掉！

食道和胃可以扩张 叉齿鱼

小棉的
海底教室

变成化石的不仅是鱼！

· · · · · · · · · · · · · · · · · · · ·

除了腔棘鱼，人们还发现了恐龙、古代甲壳类动物等的化石。不只发现了动物化石，还发现了植物化石和整片森林化石。

例如，有名的植物化石是"硅化木"。它被称为"木化石"，是远古时期被埋在沙土里面的木头，保持着原型，成为了化石，在保存状态好的化石上还能看清年轮呢！

此外，在世界各地都发现了"沉没林"，

这是数百年前到数万年前因为火山喷发、洪水、大规模泥石流等原因被埋没而变成化石的。很多"沉没林"都保持了整个森林的原貌，对于了解当时的地球环境和生态系统有很大帮助。

▲ 美国亚利桑那州的硅化木

深海生物大集合!

跟大家介绍一下我的朋友们吧!

红斑光足参

一种栖息在深海的海参。受到刺激会发光,还不清楚它的身体构造。

甘氏巨足蟹

蟹足展开达3米以上,是世界上最大的螃蟹。从古至今样貌没有改变过,也是活化石的一员。

扁面蛸

头上长着像耳朵一样的触角,是一种深海章鱼。脚上长有膜,展开像伞一样。

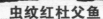

虫纹红杜父鱼

被称为世界上最丑的生物,身体松软,深海鱼。如它的名字一样,身体有一些红色的纹。

大王具足虫

是潮虫的近亲,体长超过50厘米。靠食用海底的鱼骸骨等为生。

冰海天使

属于有名的海若螺科，是一种没有壳的螺类，身体晶莹剔透。

可雅那翁戎螺

约 5 亿年前出现的古生物，它的特征是壳上有火焰花纹，外壳有缺口。

盲鳗

受到刺激，会释出胶状黏液，生存状态让人觉得不可思议。黏液很像蘸食的酱料，眼睛埋在皮肤里。

元帅手乌贼

全身像剑一样，身体是透明的，可以看见内脏。在海中常常慢吞吞地放下触腕，悠闲地漂浮。

鹦鹉螺

虽然拥有坚硬的外壳，却和章鱼、乌贼同属头足纲动物。用 90 根触手捕获食物。

海百合

它的足腕长得像鸟的羽毛一样，是一种古老的棘皮动物。

小棉，你有很多有个性的朋友啊！我还想邂逅更多的深海生物！

大家都喜欢上这些伙伴了吧！我想差不多该回去了，回家之前顺路去印度看一看吧！

印度看上去是一个三角形，一定很有意思！

印度次大陆和珠穆朗玛峰令人惊讶的关系……这个秘密藏在海底！

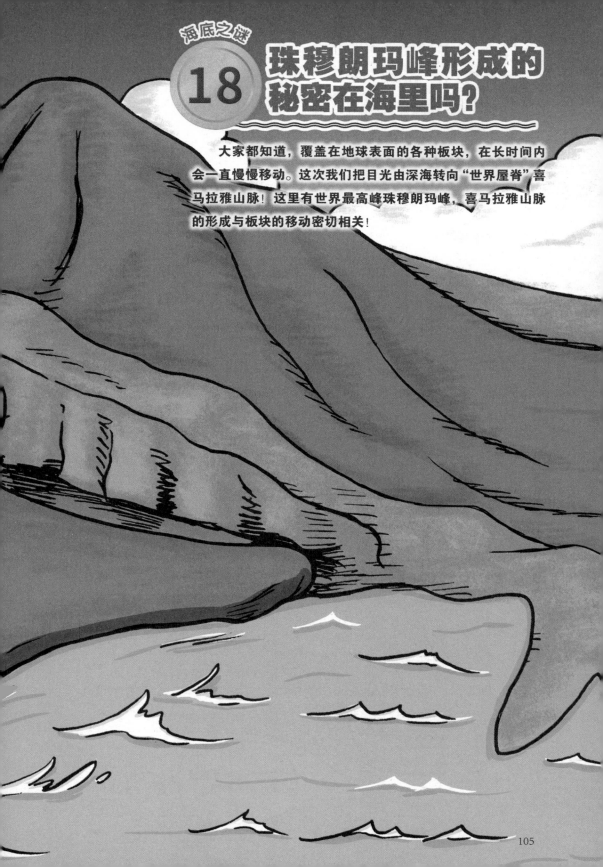

海底之谜
18 珠穆朗玛峰形成的秘密在海里吗？

大家都知道，覆盖在地球表面的各种板块，在长时间内会一直慢慢移动。这次我们把目光由深海转向"世界屋脊"喜马拉雅山脉！这里有世界最高峰珠穆朗玛峰，喜马拉雅山脉的形成与板块的移动密切相关！

海底之谜　珠穆朗玛峰形成的秘密在……

18 印度洋

如小港所说，印度的外形接近三角形，从前是一个大陆（→ p.40），是和亚欧大陆连在一起的。你知道吗？在海拔8848.86 米的世界最高峰珠穆朗玛峰附近的山上，人们挖掘出了贝类等海洋生物化石。

珠穆朗玛峰曾经在海底吗？

是的。大约 4500 万年前，亚欧板块和包括印度次大陆在内的印澳板块相撞，被两个大陆夹在中间的海底地壳受到两侧的挤压而隆起，形成了现在的喜马拉雅山脉。现在，印度仍然在以每年10 厘米的速度往北移动，因此喜马拉雅山脉也在不断隆起。

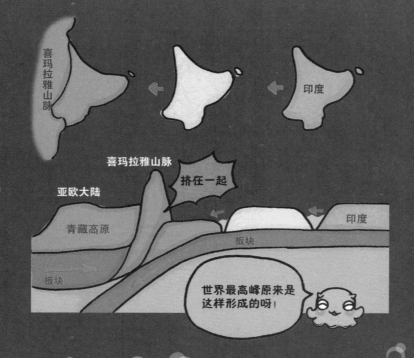

喜玛拉雅山脉

印度

喜玛拉雅山脉

亚欧大陆

挤在一起

青藏高原

印度

板块

板块

世界最高峰原来是这样形成的呀！

说到印度，印度河和恒河很有名！

是的。印度河和恒河是印度的两大河流，它们从内陆流入大海，将沿途泥沙带入大海，形成了由沙土堆积而成的海底扇状地形。印度半岛的西侧有印度河海底扇，东侧有孟加拉海底扇，两个都是世界上较大的海底扇。这两个海底扇的沙土质地跟喜马拉雅山脉的沙土质地相同。

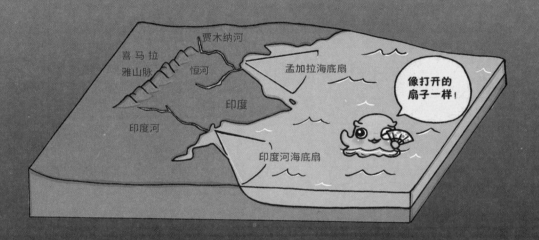

喜马拉雅山脉

贾木纳河

恒河

孟加拉海底扇

印度

印度河

印度河海底扇

像打开的扇子一样！

不会吧，板块相撞，竟然撞出了世界最高峰！

现在还在持续挤压中，珠穆朗玛峰到底会变成多高啊？

潜入海底，好像发现了地球的很多秘密。好了，漫长的旅行结束了！

4人结束了环球海底旅行，回到了温暖的家……

谢谢你!

小棉!

大家想我了吧?

你怎么来了?!

我不想和大家分开,

就悄悄跟过来了。

爷爷的皇家硬币也是小棉送的吧？

初次见面时，我给小棉弹奏了尤克里里，作为回礼，它送了我皇家硬币。

不管怎样，这个硬币……真好看！

完全不觉得是仿制品。

不过，小棉是从哪里得到这个硬币的呢？

啊，这个嘛……

世界上的海洋

大海的诞生，要追溯到大约 38 亿年前。占地表约 71% 的大海，面积大约是 3.6 亿平方千米，约为陆地面积的 2.5 倍。人们将连成一体的大海分为太平洋、大西洋、印度洋、北冰洋 4 个部分，被称为"四大洋"。

北冰洋

面积：1475 万平方千米

平均深度：1225 米

最大深度：5527 米（摩洛伊海渊）

印度洋

面积：7056 平方千米

平均深度：3839.9 米

最大深度：9074 米（阿米兰特海沟）

主要的海：安达曼海、红海、波斯湾

印度洋

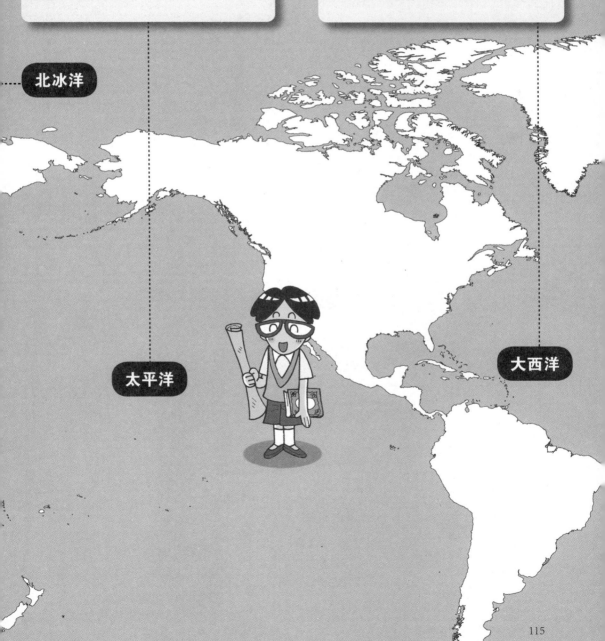

太平洋
面积：18134.4 万平方千米
平均深度：3957 米
最大深度：10911 米（马里亚纳海沟）
主要的海：南海、东海、黄海、白令海、鄂霍次克海、日本海

大西洋
面积：9165.5 万平方千米
平均深度：3627 米
最大深度：9219 米（波多黎各海沟）
主要的海：加勒比海、地中海、墨西哥湾、哈得孙湾、黑海、北海、波罗的海

北冰洋

太平洋

大西洋

奇妙的海底地形

就像陆地有山有谷一样，海底也有不同的地形。海底地形也是几个板块运动形成的，下面让我们认识一下它们吧！

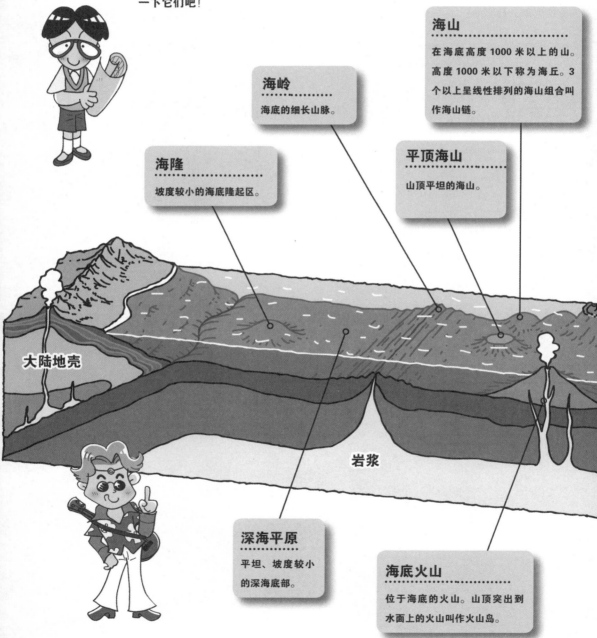

海山
在海底高度 1000 米以上的山。高度 1000 米以下称为海丘。3 个以上呈线性排列的海山组合叫作海山链。

海岭
海底的细长山脉。

海隆
坡度较小的海底隆起区。

平顶海山
山顶平坦的海山。

大陆地壳

岩浆

深海平原
平坦、坡度较小的深海底部。

海底火山
位于海底的火山。山顶突出到水面上的火山叫作火山岛。

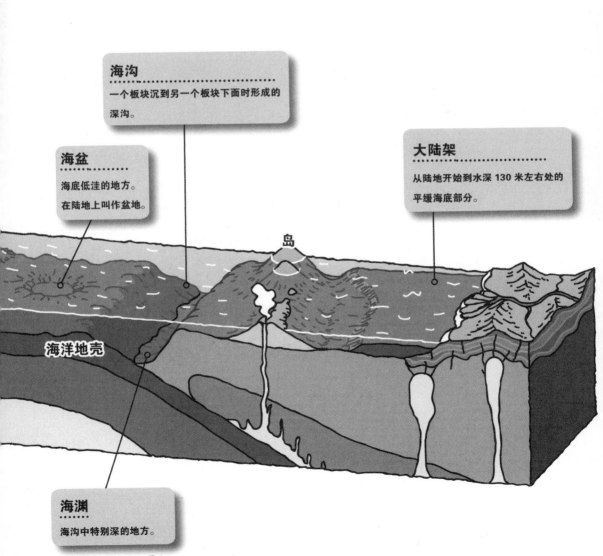

海沟

一个板块沉到另一个板块下面时形成的深沟。

海盆

海底低洼的地方。在陆地上叫作盆地。

大陆架

从陆地开始到水深 130 米左右处的平缓海底部分。

岛

海洋地壳

海渊

海沟中特别深的地方。

结束语

　　你觉得亚玛丽莲号的海底冒险怎么样？与小港、宁宁和卡斯一起享受这个冒险了吗？地球成为今天的模样，大约经过了45亿年的时间。最初是黏稠岩浆的地球表面，逐渐冷却形成了现在的"海"。你知道实际上地球表面71%都是海洋吗？

　　从海平面往下，越深的地方越暗，深度超过200米几乎就是黑暗的世界了。亚玛丽莲号就是在这样的黑暗中前进的，所以小港和朋友们潜水的时候都开着灯。而且，潜得越深，海水的压力就越大。因此，栖息在深海的生物们都有独特的形状和功能。

　　尽管世界各地的研究人员一直在研究海中的生

物、海水的成分和海底的运动，等等，但还是有不少未解之谜。大海给人类提供了很多水产品作为食物。驱动汽车的石油和天然气，有些也来自海底。此外，海底还有很多待开发的未来能源。甚至可以说，海（水）的存在本身就能够使气候稳定，为人类创造适宜居住的环境。

如上所说，大家都在不知不觉中享受到了来自大海的恩惠。珊瑚礁很漂亮吧！它一边保护着大海的环境，一边与大海相互依存。我们人类也应该如此。

池原 研

"MOSHIMO? NO ZUKAN – LET'S GO ADVENTURE IN THE SEA"
Copyright© 2016 Ken Tsuchiya and g-Grape. Co., Ltd.
Original Japanese edition published by Jitsugyo no Nihon Sha, Ltd.

©2021辽宁科学技术出版社
著作权合同登记号：第06-2018-11号。

图书在版编目（CIP）数据

奇幻大自然探索图鉴. 环球海底大探秘 / (日) 池原研
监修 ; 木木译. — 沈阳 : 辽宁科学技术出版社,2021.1
ISBN 978-7-5591-1674-1

Ⅰ.①奇… Ⅱ.①池… ②木… Ⅲ.①自然科学 – 少
年读物②海底 – 少年读物 Ⅳ.①N49②P737.2–49

中国版本图书馆CIP数据核字(2020)第133765号

出版发行：辽宁科学技术出版社
　　　　　（地址：沈阳市和平区十一纬路25号　邮编：110003）
印　刷　者：辽宁新华印务有限公司
经　销　者：各地新华书店
幅面尺寸：170mm×240mm
印　　张：7.5
字　　数：180千字
出版时间：2021 年 1 月第 1 版
印刷时间：2021 年 1 月第 1 次印刷
责任编辑：姜　璐
封面设计：许琳娜
版式设计：许琳娜
责任校对：许琳娜

书　　号：ISBN 978-7-5591-1674-1
定　　价：35.00 元

投稿热线：024–23284062
邮购热线：024–23284502
E–mail:1187962917@qq.com